“十三五”国家重点图书出版规划项目

画说三农书系

画说牛常见病
快速诊断与防治技术

中国农业科学院组织编写

杨宏军　主编

中国农业科学技术出版社

图书在版编目（CIP）数据

画说牛常见病快速诊断与防治技术 / 杨宏军主编 . —北京：中国农业科学技术出版社，2020.2

ISBN 978-7-5116-4596-8

Ⅰ . ①画… Ⅱ . ①杨… Ⅲ . ①牛病—诊疗—图解 Ⅳ . ①S858.23-64

中国版本图书馆 CIP 数据核字（2020）第 017913 号

责任编辑　崔改泵　李　华
责任校对　李向荣

出　版　者　中国农业科学技术出版社
　　　　　　北京市中关村南大街12号　　　邮编：100081
电　　　话　（010）82109708（编辑室）　（010）82109702（发行部）
　　　　　　（010）82109709（读者服务部）
传　　　真　（010）82106650
网　　　址　http：// www.castp.cn
经　销　者　各地新华书店
印　刷　者　北京富泰印刷有限责任公司
开　　　本　880mm×1 230mm　1/32
印　　　张　2.625
字　　　数　66千字
版　　　次　2020年2月第1版　2020年2月第1次印刷
定　　　价　29.80元

编委会

《画说『三农』书系》

主　任	张合成		
副主任	李金祥	王汉中	贾广东
委　员	贾敬敦	杨雄年	王守聪	范　军
	高士军	任天志	贡锡锋	王述民
	冯东昕	杨永坤	刘春明	孙日飞
	秦玉昌	王加启	戴小枫	袁龙江
	周清波	孙　坦	汪飞杰	王东阳
	程式华	陈万权	曹永生	殷　宏
	陈巧敏	骆建忠	张应禄	李志平

编委会

《画说牛常见病快速诊断与防治技术》

主　编　杨宏军

副主编　王基隆

编　委（按姓氏笔画排序）

任亚初　刘来兴　孙阳阳　杨　美

张　亮　张云飞　蒋仁新　程凯慧

楚会萌　解晓莉

序言

农业、农村和农民问题，是关系国计民生的根本性问题。农业强不强、农村美不美、农民富不富，决定着亿万农民的获得感和幸福感，决定着我国全面小康社会的成色和社会主义现代化的质量。必须立足国情、农情，切实增强责任感、使命感和紧迫感，竭尽全力，以更大的决心、更明确的目标、更有力的举措推动农业全面升级、农村全面进步、农民全面发展，谱写乡村振兴的新篇章。

中国农业科学院是国家综合性农业科研机构，担负着全国农业重大基础与应用基础研究、应用研究和高新技术研究的任务，致力于解决我国农业及农村经济发展中战略性、全局性、关键性、基础性重大科技问题。根据习总书记"三个面向""两个一流""一个整体跃升"的指示精神，中国农业科学院面向世界农业科技前沿、面向国家重大需求、面向现代农业建设主战场，组织实施"科技创新工程"，加快建设世界一流学科和一流科研院所，勇攀高峰，率先跨越；牵头组建国家农业科技创新联盟，联合各级农业科研院所、高校、企业和农业生产组织，共同推动我国农业科技整体跃升，为乡村振兴提供强大的科技支撑。

　　组织编写《画说"三农"书系》，是中国农业科学院在新时代加快普及现代农业科技知识，帮助农民职业化发展的重要举措。我们在全国范围遴选优秀专家，组织编写农民朋友用得上、喜欢看的系列图书，图文并茂展示先进、实用的农业科技知识，希望能为农民朋友提升技能、发展产业、振兴乡村做出贡献。

中国农业科学院党组书记　张合成

2018年10月1日

前言

中国改革开放40年来，随着我国人们生活水平的快速提高，对牛肉、牛奶等现代社会生活所必需的高级食品存在巨大的缺口。新农村产业结构供给侧调整的重点是发展优质高效畜牧业，其中养牛业的发展是重中之重。"以奶业为突破口，重点发展肉牛、肉羊，稳定猪、禽生产"已成为指导当前乃至今后我国畜牧业发展的基本方针。

一、我国养牛业基本情况

我国奶牛、肉牛养殖起步晚，历经岁月，虽发展道路曲折，存栏量仍逐年递增，养殖模式由养殖专业户和养殖小区，过渡为规模化、标准化的养殖场，近几年高标准大型万头牧场得到大力发展。但是，疫病的威胁始终伴随着牛存栏量的增加和行业的快速发展而持续存在，疾病的种类和发病数也日趋严重，给牛养殖行业带来重大损失，严重影响产业的健康发展；此外，牛的重要人畜共患病（如布鲁氏菌病、结核病等）对人类公共卫生带来严重威胁。牛疾病的防控与净化之路，任重而道远。

疫病是制约世界各国养牛业健康发展的主要障碍之一，发达国家对暴发重大疫病的牲畜多采取捕杀策略。据估计，我国奶牛存栏量超过500万头，肉牛存栏量超过1亿头，牛重大疫病30余种，并且由于养殖密度大，人、畜流动量大，混合感染多，发病情况复杂。每年因疾病造成的牛死亡率达3%～5%，直接经济损失达90亿～150亿元。而人畜共患病对人类健康的危害和对消费者信心的打击所带来的损失则不可估量。与国外相比，养殖户与政府均无法承担捕杀成本，牛疫病控制面临严峻的形势。

二、我国牛疾病现状

在我国牛疾病防治中，习惯于将疾病分为传染病和普通病，普通病多与饲养管理和环境有关系，但常见普通病的致病机制不清晰，影响疾病早期诊断和治疗效果。传染性疾病是规模化牧场，特别是大型万头牧场防控的重中之重，传染性疾病的多病原混合感染、多系统感染，造成牛死亡率高，给临床疾病诊断和防控带来挑战，给养牛业造成的经济损失严重。

1. 传染病防控

防控三大要素：消灭传染源、切断传播途径、保护易感牛群。在三大环节中，不管是大型万头牛的牧场还是中小型牛场，均在生物安全方面存在不足，绝大部分牛场设有消毒设施，且消毒剂产品质量参差不齐，尤其缺乏行之有效的消毒效果评估。在保护易感牛群方面，疫苗注射方式方法问题更多，如疫苗有效抗原含量较低、牧场的免疫程序千差万别、免疫剂量和免疫时间缺乏指导、疫苗的免疫缺乏科学有效的评估技术和标准等等。总之，未来我国的牛疫病仍然是高发状态。

2.普通病控制

由于南北气候差异，乳房炎的发病率在12%～42%，不科学的挤奶程序管理和对乳头药浴液缺乏良好的质量控制标准和使用规范是导致乳房炎高发的重要原因；调查显示，我国牛蹄皮炎（疣性皮炎）占蹄病总发病牛的79.53%；蹄底溃疡、蹄尖溃疡占蹄病总发病牛的13.35%；降低牛蹄病发病率要从营养、环境、运动场、修蹄护蹄等多个角度建立一整套制度及措施。真胃疾病在规模化养殖牧场中，以真胃变位多发，且以头胎牛为主，发病率在1.5%～3.5%；犊牛以及成母牛的肠炎、腹泻，多以传染病因素为主，如BVD病毒和副结核杆菌等等；酮病等营养代谢性疾病是我国牛养殖高水平发展的产物，由于高能饲料的开发和利用，TMR精粗比例升高。在获得产量快速提升的同时，牛营养代谢性疾病的发病率也呈现出上升的趋势。我国养牛业中所发生疾病的65%是由于感染牛呼吸系统疾病引起的，奶牛场感染率为17%～50%，肉牛场感染率可高达90%以上，死亡率达35%。犊牛45日龄之前感染呼吸系统疾病的概率达到67%～82%，且由于感染呼吸系统疾病而发生死亡的比例达到46%～67%。

大型牧场的总体死淘率处于4%～32%，高死淘率是牧场提高生产效率和单产的重要手段，可以迅速控制牛群健康，但不利于对疾病的深入研究和技术进步，缺乏深究到底的科学精神。

结合我国目前养牛业所面临的疾病方面的问题，本书将着重就传染病、普通病和寄生虫病三个大类进行专业

指导，针对该书受众范围，尽量压缩简化机理研究型内容以求简练、易懂，贴合实际生产，并结合大量真实病例照片，令读者学以致用。

由于本书参编作者较多，写作风格和认知角度不尽相同，书中纰漏和不足之处还望各位读者批评指正。

编　者

2019年11月

Contents 目 录

第一章

传染病

第一节　口蹄疫

牛口蹄疫是由口蹄疫病毒引起的急性、发热性、高度接触性的一类烈性传染病。该病发病率高，幼龄牛患病后死亡率较高，其他牛则较低。该病传播迅速，严重影响畜牧养殖产业和动物产品贸易。

一、流行特点

本病流行无明显的季节性，可通过空气、饮水、病牛代谢物等传播。传播速度快，范围广，对牧场全群危害较大。本病在成年牛的死亡率一般不高，在1%～3%，在环境温度10℃以下，空气干燥、多风等条件下会促使本病的发生和传播。

二、临床症状

牛一旦感染，潜伏期为2～7天，体温明显升高至40～41℃，病牛的口腔、蹄部、乳房都有豆粒大小的水疱，而后溃烂；咽喉、气管、支气管和胃黏膜发生水疱、圆形烂斑和溃疡，上面覆有深色痂块。病牛大量流涎，少食或拒食；蹄部疼痛造成跛行甚至蹄壳脱落。犊牛染病后，心肌细胞变性、坏死、溶解，诱发心肌炎和出血性肠炎，死亡率较高（图1-1-1至图1-1-3）。

图1-1-1　病牛大量流涎

图1-1-2　病牛鼻镜破溃

图1-1-3　病牛乳头水疱

三、防治措施

牧场应认真做好疫苗防疫工作，针对本地多发的病毒亚型，进行疫苗防疫，免疫后21天应采血清检测抗体水平，必要时加强免疫，确保免疫成功。

在此病流行期间，及时向政府部门反馈疫情，每天要例行2次全面消毒。同时注意牧场工作人员及场地的消毒。加强人员管理，控制人员进出，工作人员进入生产区，应穿戴防护服。消毒剂的使用应至少3种以上，轮换用药。

患病牛隔离前的污染用具，用2%氢氧化钠溶液，彻底消毒。一旦出现病死畜，应立即通报政府有关部门，在其指定地点深埋或焚烧。

第二节　牛病毒性腹泻

牛病毒性腹泻又称黏膜病，是由牛病毒性腹泻病毒引起的一种传染病。易感动物主要是牛和猪，对绵羊、鹿、骆驼及其他野生动物也具有一定的感染性。

一、流行特点

病畜和持续带毒动物是病毒性腹泻（BVD）的主要传染源。病畜的分泌物、尿液、血液、精液和流产胎儿等均可引起牛场BVD的发生。各种年龄的牛对该病毒均易感，尤其是6~18月龄牛只，而且肉牛比奶牛更容易感染此病。

BVD多呈地方性和季节性流行，在封闭集约化养殖场多以暴发式发病。此病在新疫区急性病例多，老疫区多呈隐性感染，发病率和病死率很低。BVD在一年四季均可发生，但在冬末和春季多发。

二、临床症状

此病多为急性型，多见于幼犊。表现持续高热，持续2~3天，有的呈双相热型。腹泻，呈水样，粪带恶臭，含有黏液或血液。大量流涎、流泪、口腔黏膜和鼻黏膜糜烂或溃疡（图1-2-1至图1-2-3）。

三、防治措施

对于牛病毒性腹泻的牧场防疫工作，首先要做好环境卫生管理，及时清理牛代谢物；其次做好免疫预防工作，可接种牛病毒性腹泻病毒（BVDV）疫苗进行预防；最后对疑似感染牛进行隔离和实验室诊断，确诊后尽快治疗，如果发现持续性感染的牛应立即淘汰，以减少牧场损失。

图1-2-1 患病犊牛阴道黏膜溃疡出血

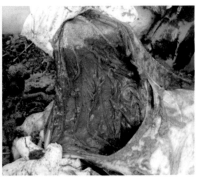

图1-2-2 BVDV引起的真胃溃疡出血　图1-2-3 BVDV导致的真胃黏膜充血

第三节　牛流行热

牛流行热又名牛三日热，是由牛流行热病毒引起的急性、热性传染病。牛流行热的典型临床症状为双相发热，感染动物体温可以达到40℃以上，该病毒主要感染对象为牛，其中以3～5岁壮年牛、乳牛、黄牛易感性最大，水牛和犊牛发病较少。

一、流行特点

目前牛流行热的自然传播途径并不明确，一般认为经呼吸道感染，空气传播及患病牛蚊虫叮咬感染。

该病潜伏期较短（3～7天），流行较广，具有明显季节性和周期性，近年来，牛流行热在我国多地暴发流行，多发生于6—9月，流行迅猛，短期内可使大批牛只发病。该病呈周期性的地方流行或大流行，3～5年大流行1次，大流行之后，常有1次小流行，且南方发病时间早于北方。每次疫情发病期也逐渐延长，临床表现也比过去严重。

二、临床症状

感染后主要表现为体温升高到40℃以上，期间乳产量明显降低。患病后牛食欲废绝，反刍停止，粪便干燥，有时下痢。四肢关节浮肿疼痛，病牛呆立，跛行，以后起立困难而伏卧，呼吸急促，多伴有肺气肿，可导致病牛窒息而死。稽留2～3天后体温恢复正常。该病大部分为良性经过，病死率一般在1%以下（图1-3-1、图1-3-2）。

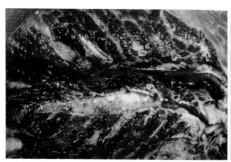 

图1-3-1　牛流行热引起的肺脏间质气肿　　图1-3-2　病牛张口呼吸大量流涎

三、防治措施

本病主要预防措施为疫苗接种和加强饲养管理。流行热疫苗能够很好地预防该病，推荐规模化养牛场定期进行免疫接种。

加强饲养管理，保持牛舍清洁及通风，并在每年温度升高的季节定期喷洒无毒且高效的杀虫剂、避虫剂等，用于驱杀蚊蝇特别是吸血昆虫，对于进出牛场的外来人员必须进行严格消毒。牧场出现疑似病例时应及时进行实验室诊断。

牛流行热的治疗方法以防止继发感染为主。每次取800万国际单位青霉素，3～5克链霉素，混合均匀后给病牛进行肌内注射。每天2次，1个疗程连续使用3天，具有较好的治疗效果。

第四节　牛传染性鼻气管炎

牛传染性鼻气管炎是由牛传染性鼻气管炎病毒（IBRV）引起的牛的一种急性、热性、接触性传染病。该病呈世界性分布，广泛存在于欧美等许多养牛发达国家，给世界养牛业造成了巨大的经济损失。

一、流行特点

肉牛易感染，其次是奶牛，犊牛比成牛更易感染。该病全年可发，以冬、春季节最为严重。本病经呼吸道传播，主要表现为呼吸道型，与细菌混合感染后致死率较高。

二、临床症状

根据临床表现分为不同的类型，常见类型有呼吸道型、结膜炎型、生殖道型、流产不孕型、犊牛肠炎型等。

呼吸道型临床症状为高热达40℃以上，呼吸困难，咳嗽，流水样鼻涕，后期转为黏脓性鼻液。

结膜炎型临床表现为病牛眼睑肿大、持续流泪、结膜充血、结膜表面呈灰色假膜。

生殖道型主要分为母牛外阴阴道炎和公牛龟头炎，都具有脓包性特征。该病作用于妊娠牛时，会在呼吸道和生殖器症状出现后的1～2个月内流产或突然流产，流产胎儿的皮肤水肿，部分内脏器官会出现局部坏死。

该病感染非妊娠牛，会造成短期的不孕现象。犊牛患病后除呼吸道症状外，多伴有脑膜炎及腹泻，致死率在50%以上（图1-4-1至图1-4-5）。

奶牛一旦患病，前期产奶量、奶品质量会明显下降。若在病毒感染并发细菌感染，可因细菌性支气管肺炎死亡。

图1-4-1　IBRV引起的犊牛牙龈出血

三、防治措施

该病的控制主要以预防为主，具体措施如下：加强饲养管理，提高饲养管理水平，提高奶牛的抗病力。定期对饲养工具及其环境消毒。为防控该病，引进牛或精液时需经过隔离观察以及严格病原学或血清学检查，证明牛只未携带或感染该病，精液未被污染，即可进入牧场或正常使用。定期对牛群进行血清学监测，及时淘汰阳性感染牛。

缺乏特效治疗药物，一旦发病，应根据具体情况，封锁、扑杀病牛或感染牛，对病牛生长环境进行紧急全面消毒。普查牛群感染情况，凡阴性牛可采取疫苗注射，阳性牛如果数量较少，可予以淘汰，如果数量多，应立即隔离，集中饲养。在老疫区，可通过隔离病牛、消毒污染牛棚等进行基础防疫工作。配合使用多种消毒液，预防后续细菌感染。及时对疫区未感染牛进行疫苗接种工作，减小牧场经济损失。半岁犊牛即可接种免疫疫苗，一般接种后免疫期半年以上。

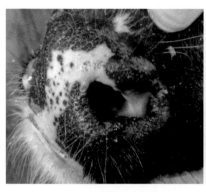
图1-4-2　患病犊牛鼻腔黏膜溃疡

图1-4-3　发病犊牛红鼻子

图1-4-4　IBRV引起的孕牛流产

图1-4-5　结膜炎型眼部病变

第五节 犊牛轮状病毒病

犊牛轮状病毒病是轮状病毒引起的犊牛急性肠道传染病。以精神沉郁、厌食、腹泻、脱水为主要特征。轮状病毒对外界环境有较强的抵抗力，可在粪便、乳汁等代谢物中存活7个月之久。该病在世界范围内造成严重的经济损失。

一、流行特点

在牛中主要在1～7日龄的犊牛发病最多。成年牛大多呈隐性感染，致死率低，多为良性经过。春、秋季气温变化，致使犊牛抵抗力较差、发病较多。该病毒主要侵染犊牛消化道，病毒可随犊牛粪便排到环境中，污染牛舍、饮水及生长环境。只要病毒在群体中持续存在，就有可能造成本病在牧场中长期传播。在寒冷、潮湿自然条件下，本病一旦在群体中存在，消毒不彻底，可在牧场中长期传播。犊牛食用饲料质量较差，亦可诱发犊牛腹泻，加重病情导致犊牛死亡。

二、临床症状

本病多发生于1～7日龄犊牛，潜伏期为18～96小时。病症表现：突然发病，病初精神低迷，吃奶量明显减少或不食。病牛体温变化不明显，正常或略高。持续腹泻，排出淡黄色或乳白色粪便，肛门周围有大量淡黄色稀便。而后腹泻明显，病犊排出大量淡黄色或灰白色水样稀便，部分病牛会排出带有肠道黏液及血液的稀便，病犊的肛门周围、臀部常被粪便污染，能见到大量的灰白色稀便。病犊牛的肛门括约肌松弛，排粪失禁，不断有稀便从肛门流出。犊牛腹泻严重时，可引起脱水，背毛杂乱，眼球凹陷，脱力。病死牛多为患病后期心力衰竭，代谢失常致使酸中毒，体温下降而死亡。发病过程中，如遇气温突降及其他应激反应，则常可继发大肠杆菌、沙门氏杆菌、肺炎等，多病混合感染，使病情更加严重，加大治疗难度（图1-5-1至图1-5-3）。

　　根据本病发生在季节变化时期、多侵害犊牛、发生水样腹泻、发病率高等特点可作出初步诊断，但确诊必须依靠实验室检验。牧场应采集急性感染病例的粪便，分离病毒并鉴定即可确诊。

图1-5-1　腹泻犊牛消瘦，
尾巴沾满稀粪

图1-5-2　犊牛严重腹泻虚脱

图1-5-3　犊牛精神沉郁、水样腹泻、排粪失禁

三、防治措施

及早吃足高质量初乳，应在犊牛出生后1小时之内吃足4升初乳。把犊牛放在干燥、温暖、消毒后的棚内。给分娩前1～3个月的母牛接种轮状病毒灭活疫苗，可使新生犊牛获得被动免疫。每天用0.25%甲醛、2%苯酚、1%次氯酸钠等对圈舍彻底消毒。

治疗时应将病犊牛隔离，隔离到温暖、干燥、垫料舒适的牛圈中单独治疗。治疗该病首先考虑治疗酸中毒，给予适量碳酸氢盐等溶液。

一般治疗卧地不起酸中毒的代表性治疗方案是：在20～30分钟内静脉给予1升等渗盐水，其中加入16克碳酸氢钠，在而后4～6小时内输3升含有碳酸氢钠的等渗溶液。期间注意给犊牛补液补碱，防止脱水，提高犊牛的机体代谢能力，加快病牛恢复。

第六节　布鲁氏菌病

布鲁氏菌病简称布病，是一种人畜共患传染病，侵害生殖系统和关节的地方流行性慢性传染病。布鲁氏菌是一种细胞内寄生小球杆状菌，革兰氏染色阴性，主要感染动物，牛、羊、猪、狗以及骆驼、鹿等动物，我国流行的主要是羊、牛、猪3种布氏杆菌，其中以羊布氏杆菌病最为多见，其次是牛布鲁氏菌。

一、流行特点

我国牛布病呈现明显的春季高发的特点。这主要是因为我国北方以春季繁殖为主，而孕畜流产是布病的主要传播途径，一般在家畜因布病流产后1个月左右的时间，出现感染牛病例的明显上升。而往南方，随着气候的变暖，牛怀孕季节的不明显，布病发生的季节性也变得不明显。

二、临床症状

成年牛被感染的较多，特别是怀孕母牛。而性未成熟的犊牛有较强的抵抗性，感染较少。老年感染母牛常常流产现象减少，感染第1胎流产多见，第2胎后由于感染免疫导致流产率降低，但病原的传染性依然存在。

本病的潜伏期一般为2周到半年左右，此病主要症状为母牛繁殖障碍，出现流产；公牛睾丸炎和副睾炎。正产时母牛常因胎衣不下发生子宫内膜炎；多次配种不受孕；病母牛可发生关节炎。病牛所生犊牛呈败血变化，表现为肺出血、肝坏死、心包积水（图1-6-1、图1-6-2）。

初诊可以根据流行病学、临床症状、检查流产胎儿和胎盘的病理变化，然而并非所有感染和流产牛都出现症状，需要实验室诊断，进行分离和鉴定病原菌。

图1-6-1 大月龄流产胎儿　　图1-6-2 未及时处理的胎衣是重要的
传染源

三、防治措施

发生布病后，如牛群头数不多，以全群淘汰为好；如牛群很大，可通过检疫淘汰病牛，或者将病母牛严格隔离饲养，暂时利用它们培育健康犊牛，其余牛坚持每年定期预防注射。流产胎儿、胎衣、羊水和阴道分泌物应深埋，被污染的牛舍、用具等用2%火碱消毒。同时，要确实做好个人的防护，如戴好手套、口罩，工作服经常消毒等。对一般病牛应淘汰，无治疗价值。

加强饲养卫生管理，定期检疫（每年至少1～2次）；严禁到疫区买牛。必须买牛时，一定要隔离观察30天以上，并用凝集反应等方法做两次检疫，确认健康后方可合群。免疫预防方面，有S2菌苗和A19菌苗，使用方法按说明书规定。

第七节　结核病

牛结核病，是由牛结核分枝杆菌引起的牛慢性消耗性传染病，本病为人畜共患病，我国将其列为二类传染病。本病以组织器官结节性肉芽肿和干酪样钙化性坏死灶为主要特征，病牛生长缓慢、产奶量低，严重阻碍我国养牛业的发展。

一、流行特点

结核分枝杆菌主要分3个型，即牛分枝杆菌（牛型）、结核分枝杆菌（人型）和禽分枝杆菌（禽型）。该病病原主要为牛型，人型、禽型也可引起本病。

结核病畜是主要传染源，病畜可通过粪便、乳汁、尿及气管分泌物排出病菌，污染周围环境而散布传染。主要经呼吸道和消化道传染，也可经胎盘传播感染。

牛对牛型菌易感，其中奶牛最易感，水牛易感性也很高，黄牛和牦牛次之；人也能感染，且与牛互相传染。

本病一年四季都可发生。一般说来，规模化养殖场发生较多。牛舍密度大、阴暗、潮湿、粪污清理不及时，饲养不良等，均可促进本病的发生和传播。

二、临床症状

本病的潜伏期一般为10～15天，有时达数月以上。病程呈慢性经过，表现为进行性消瘦、咳嗽、呼吸困难，体温一般正常。因病菌侵入机体后，由于毒力、机体抵抗力和受害器官不同，症状亦不一样（图1-7-2至图1-7-3）。在牛中本菌多侵害肺、乳房、肠和淋巴结等。根据病菌侵袭部位的不同可分为以下几种。

肺结核：病牛呈进行性消瘦，病初有短促干咳，渐变为湿性咳嗽。听诊肺区有啰音，胸膜结核时可听到摩擦音。叩诊有实音区并有痛感。

乳房结核：乳量渐少或停乳，乳汁稀薄，有时混有脓块。乳房淋巴结硬肿，但无热痛。

淋巴结核：不是一个独立病型，各种结核病的附近淋巴结都可能发生病变。淋巴结肿大，无热痛。常见于下颌、咽颈及腹股沟等淋巴结。

肠结核：多见于犊牛，以便秘与下痢交替出现或顽固性下痢为特征。

神经结核：中枢神经系统受侵害时，在脑和脑膜等可发生粟粒状或干酪样结核，常引起神经症状，如癫痫样发作、运动障碍等。

特征病变是在肺脏及其他被侵害的组织器官形成白色的结核结

节。呈粟粒大至豌豆大灰白色、半透明状，较坚硬，多为散在。在胸膜和腹膜的结节密集状似珍珠，俗称"珍珠病"。病期较久的，结节中心发生干酪样坏死或钙化，或形成脓腔和空洞。病理组织学检查，在结节病灶内见到大量的结核分枝杆菌。

 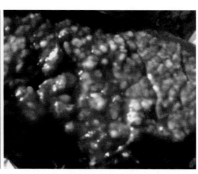

图1-7-1　结核菌素皮肤变态反应阳性　图1-7-2　肺结核病牛肺脏长满肉芽肿

图1-7-3　病牛进行性消瘦

三、防治措施

牛结核病目前尚无疫苗，本病的防治主要依赖综合性防治措施，防止疫病传入。

牧场每年两次结核筛查，可通过皮肤变态反应进行大群普查，阳性牛只可通过实验室进行确诊。确诊阳性牛只应尽快淘汰，引进新牛应就地检疫，确认阴性方可引进，运回隔离观察45天以上，经二次检疫阴性者，方能合群。结核病人不能饲养牲畜。加强饲养管理，确保环境卫生。

第八节　副结核病

牛副结核病又名牛副结核肠炎，由副结核分枝杆菌引发的一种慢性疾病。牛副结核病潜伏期长，常见于牛尤其是乳牛，在成年牛中症状不明显，在妊娠或怀孕牛中症状明显。

一、流行特点

本病病原为副结核分枝杆菌，形态为短杆菌，存在于病畜（包括没有明显症状的患畜）肠道黏膜和肠系膜淋巴结，通过粪便排出，主要感染牛，幼龄牛最易感。病牛是主要传染源，从粪便中持续或间歇向外排出菌体，病菌在外界能存活较长时间，通过污染的体表、场地、草料和水源经消化道感染。一部分病畜，病原菌可侵入血液，随乳汁和尿排出体外。当母牛有副结核症状时，子宫感染率在50%以上。幼龄牛感染后，由于潜伏期长（可达6～12个月或更长），往往要到2～5岁时才表现出临床症状。本病呈散发或地方流行。另外从公母牛的性腺中也分离到副结核杆菌，并且经过处理的商品化精液中副结核细菌仍保持活力。

二、临床症状

潜伏期数月或1~2年。病牛早期出现间歇性腹泻，以后变成顽固性腹泻，粪便稀薄，常呈喷射状排出，恶臭，带有气泡和黏液。尾根及会阴部常混有粪污。腹泻有时可停止，也能复发。随病程延长病牛高度贫血和消瘦，精神委顿，常伏卧，严重下颌及垂皮水肿。病程较长时，病情时重时轻，有时腹泻可能停止而后又加重，最后因衰竭死亡。病程几个月或1~2年（图1-8-1至图1-8-3）。

病牛极度消瘦，黏膜苍白，主要病理变化在消化道和肠系膜淋巴结，尤其见于回肠、空肠和结肠前段，为慢性卡他性肠炎，回肠黏膜厚增3~20倍，形成明显皱褶，呈脑回状外观。黏膜黄白或灰黄色，附混浊黏液，但无结节、坏死和溃疡。凸起皱襞充血。

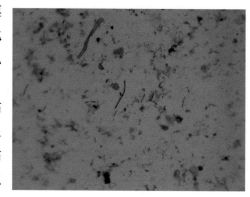

图1-8-1 粪便抗酸染色中的副结核分枝杆菌（红色）

根据病牛长期顽固性腹泻的症状及回肠、空肠和结肠黏膜肥厚特征性变化，可以作出初诊。同时要进一步做细菌学、血清学及皮肤变态反应来进一步确诊病情。

三、防治措施

由于本病只在感染后期肠管组织发生改变才能出现临床症状，所以一般治疗效果不佳，只能根据具体情况进行治疗。所以本病应以预防为主。

　　预防本病重在加强饲养管理，尤其幼牛，给予足够营养，增强抗病能力。不从疫区引进牛只，必须做好检疫和隔离观察，确认健康方可混群。发现有明显症状和细菌学检查为阳性的牛，及时扑杀。变态反应阳性牛，进行集中隔离，分批淘汰。病牛所产的犊牛，立即与母牛隔开，人工哺乳，培育健康犊牛群。病牛污染的牛舍、运动场、用具等，用生石灰、漂白粉或烧碱等药液进行经常性消毒，及时清除粪便，经生物热处理后作肥料。

图1-8-2　病牛喷射水样腹泻

图1-8-3　副结核引起的下颌水肿

第九节　支原体病

　　支原体是一类在自然界广泛存在，无细胞壁高度多型性的微生物，可引起肉牛和奶牛多种疾病的重要病原体，也是牛呼吸道疾病的重要病原体之一。牛支原体可以导致肺炎、乳腺炎、关节炎、角膜结膜炎、生殖道炎症，不孕及流产。

一、流行特点

牛支原体一般寄生在黏膜表面，主要是呼吸道，其次是乳腺，在环境中生存能力不强，但在4℃牛奶和海绵中可存活2个月，在水中可存活2周。

牛支原体自然感染的潜伏期很难确定。健康犊牛群中感染牛24小时后，就有犊牛从鼻腔中排出牛支原体，但大部分牛在接触感染7天后鼻腔排出牛支原体。我国牛支原体病的暴发几乎都与运输有关，多数牛在运输到目的地后1周左右发病，如在途中遭遇雨淋等不良环境影响，牛可在运达目的地后第二天即发病。主要传播途径是通过飞沫呼吸道传播，近距离接触、吮吸乳汁或生殖道接触等也可传播牛支原体。

二、临床症状

感染牛支原体病的牛出现体温升高、慢性咳嗽、气喘、伴有清亮或脓性鼻汁。严重者食欲减退，被毛粗乱无光，生长受阻，并出现粪水样或带血粪便。有的患牛继发乳腺炎、关节炎、结膜炎，甚至出现流产和不孕。该病发病率高，治疗不当或不治情况下死亡率增高，与其他细菌或病毒混合感染时造成牛支原体病临床症状复杂化，而且有些感染牛出现隐性感染，不表现出临床症状。因此，通过临床症状只能怀疑感染牛支原体病而不能作出准确判定。

牛支原体可以引起典型的肺炎病变，剖检主要以坏死性肺炎为特征，病变主要集中在肺部，肺呈紫红色，尖叶、心叶及部分膈叶局部出现红色肉变，肺部出现干酪样或化脓性坏死灶。肺与胸腔会有不同程度的粘连，胸腔内会有少量积液，心包积液，液体黄色透明，肠系膜淋巴结水肿，呈暗红色。牛支原体导致的关节炎，主要表现在封闭的关节内有大量液体和纤维素且滑膜组织增生，关节周围软组织出现大量不同大小的干酪样坏死点聚集（图1-9-1至图1-9-5）。

图1-9-1　支原体肺炎实变部位与健康部位明显的分界线

图1-9-2　肺脏与胸膜粘连

图1-9-3　支原体引起的犊牛关节肿大

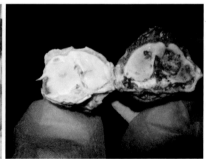

图1-9-4　支原体关节炎剖检变化

三、防治措施

　　牛支原体是引起牛的一种重要致病原，采用综合的防治措施是控制牛支原体病的重要途径。目前常用防治手段主要是对牛的引进管理和饲养管理，不从疫区或发病区引进牛，引进前做好牛支原体病及其他病的检疫检验、接种，引进后隔离观察，混群后保持牛圈的通风、清洁、干燥并定期消毒等。

　　早期应用抗生素治疗有一定效果。最好选用针对牛支原体与细菌的高敏药物。如泰乐菌素类、替米考星、加米霉素等。用药时应使用足够剂量与疗程，建议输液和肌内注射治疗。类固醇类药物的使用，如倍他米松、氟米松和强的松龙等，建议使用3~6天并且递减。病畜可能出现厌食或完全不吃，体内维生素，尤其是维生素A、维生素C和B族维生素的丢失或缺乏。输液、肌内注射或口服此类维生素，提高康复速度，增强免疫力。

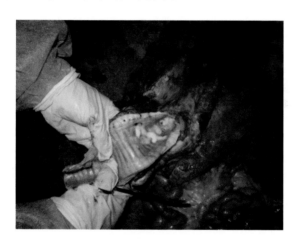

图1-9-5　气管内布满脓性分泌物

第十节　梭菌病

　　奶牛梭菌病又称猝死症，是由魏氏梭菌（又称产气荚膜梭菌）引起的一种急性传染病，发病率不高，但死亡率高。魏氏梭菌性肠炎主要由A型和E型菌及产生的α毒素所致。

一、流行特点

魏氏梭菌能使不同年龄不同品种的牛（包括黄牛、奶牛、水牛等）发病，四季均可发生。黄牛以4—6月发病较多，奶牛、犊牛以4—5月、10—11月发病较多，牦牛以7—8月发病较多。病程长短不一，短则数分钟至数小时，长则3～4天或更长；发病时有的集中在同圈或毗邻舍，有的呈跳跃式发生；发病间隔时间长短不一，有的间隔几天、十几天，有的间隔几个月。发病黄牛、犊牛多为体格强壮膘情较好者，奶牛多为高产牛。

二、临床症状

最急性型：无任何先兆，几分钟或1～2小时突然死亡。有的奶牛头天晚上正常，第2天死在牛舍内。病牛死后腹部膨大，舌头脱出口外，口腔流出带有红色泡沫的液体，肛门外翻。

急性型：体温增高或正常，呼吸迫促，结膜发绀，口鼻流出白色或红色泡沫，全身肌肉震颤，行走不稳，狂叫倒地，四肢划动，最后死亡。

亚急性型：呈阵发性不安，发作时两耳竖立，两眼圆睁，表现出高度精神紧张，以后转为安静，如此周期性反复发作，最终死亡。有的发生腹泻，排出多量黑红色、含黏液的恶臭粪便，有时排粪呈喷射状，病畜频频努责，里急后重。

剖检以全身实质器官出血和小肠出血为主要特征。心包积液，心脏质软，心脏表面及心外膜有出血斑点。肺气肿、皮下气肿。肝脏呈紫黑色，表面有出血斑。胆囊肿大。小肠黏膜有较多的出血斑，肠内容物为暗红色的黏稠液体，淋巴结肿大出血，切面深褐色（图1-10-1至图1-10-9）。

三、防治措施

本病主要是由于饲料、饮水、环境等被魏氏梭菌污染，菌体或芽孢被动物吞食后，在肠道内大量增殖，引起动物发病。另外，饲料、气候、环境等的突然变化，导致动物机体抵抗力下降，肠道菌群失调，使得肠道内原有

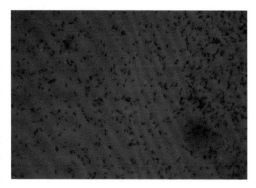

图1-10-1　显微镜下观察魏氏梭菌

的魏氏梭菌大量繁殖，也易导致动物发病。本病的防治应采取综合防治措施，预防为主。

严禁饲喂发霉、腐败、劣质饲料。同时要特别注意精粗饲料搭配，保证提供适量的青干草。然后要进行卫生消毒，保持牛场清洁干燥，及时清扫粪便，定期进行彻底消毒，场地、用具、设施要经常用火碱、石灰水、漂白粉等消毒处理，病死牛及其分泌物、排泄物一律烧毁或深埋，做无害化处理。

图1-10-2　魏氏梭菌引起的肠毒血症　　图1-10-3　魏氏梭菌引起的皮下气肿

图1-10-4 魏氏梭菌引起的肺间质气肿　图1-10-5 最急性型病牛，突然倒地
　　　　　　　　　　　　　　　　　猝死，口鼻内充满血沫

图1-10-6 魏氏梭菌引起的脾脏　　　　　图1-10-7 病牛血便
　　　　肿大、点状出血

图1-10-8 急性型病例口鼻流血　　　图1-10-9 急性型病例肛门流血

第二章

普通病

第一节　瘤胃臌气

瘤胃臌气是指牛采食了易发酵的饲料，在瘤胃里异常发酵，以致在瘤胃里迅速产生并积聚大量气体，从而使瘤胃急剧膨胀的疾病。常表现为呼吸困难，腹围急剧膨大。

一、病因

多数是因为采食了大量容易发酵的草料，比如鲜苜蓿、豆类、发霉变质的饲草料，或含糖量过高的精料。也有些是因为长时间未饲喂、饮水后暴食暴饮，或饲喂不定时、不定量，致使饲草料在瘤胃内积聚，产生大量气体的同时不能及时排出体外造成。又或是因长时间未饮水，突然饮用过多冷水，饲喂霜冻的饲草，气温突变，下霜时露宿造成的。一些疾病，如食道阻塞、前胃弛缓、创伤性网胃炎、慢性腹膜炎等，也可引起继发性瘤胃臌气。

二、临床症状

原发性瘤胃臌气，大多数在饲喂时或饲喂后突然发病，患牛腹围迅速增大，反刍、嗳气、饮食废绝，左边腹部膨胀明显，呻吟，频繁回头看腹部，后腿踢腹部，触诊腹部紧张而有弹性，用手拍打像打鼓一样。呼吸急促，四肢开张，舌头外伸，流口水，肛门凸出，结膜发绀，心跳加快，频繁排尿不排粪，后期站立不稳或卧地不起，卧地时头弯向腹部或贴地，如抢救不及时会造成死亡（图2-1-1至图2-1-3）。

继发性瘤胃臌气，发病比较缓慢，病程比较长。患牛食欲减退，反刍减少，逐渐消瘦。通常胀气呈周期性，用手按压腹部上面是空的，下面是实的。瘤胃蠕动音很弱，呼吸困难，心跳加快。病程长的便秘和腹泻可能交替发生，量少。通常应考虑创伤性网胃炎、瓣胃阻塞、皱胃疾病等。

图2-1-1　瘤胃臌气牛只左侧腹明显膨大　图2-1-2　急性瘤胃臌气左侧腹膨大　图2-1-3　急性瘤胃臌气牛只张口呼吸

三、防治措施

预防瘤胃臌气，主要是加强饲养管理，尤其是在更换饲草配方时应注意，防止牛只暴饮暴食。

瘤胃臌气的治疗原则是促进瘤胃内气体排出，缓泻止酵，恢复胃动力。为促进嗳气，可以将牛牵至缓坡，呈前高后低的姿势站立，将涂有松馏油的木棒横衔在牛口中，用绳子拴系在耳后，使牛不停咀嚼，以促进嗳气。也可以插胃管排气。对于病情严重的牛，要及时进行瘤胃穿刺，放气急救。

为促进瘤胃内气体排出，可用植物油或矿物油，如豆油、花生油或液体石蜡等，一次灌服250毫升。也可用鱼石脂15~20克，酒精30~40毫升，松节油30~60毫升，水500毫升，配成合剂灌服。

排出胃内容物后，可以缓泻止酵。用硫酸镁500~800克或食盐400~500克，松节油30~40毫升，酒精80毫升，水4 000~5 000毫升，配成合剂灌服。可通过皮下注射新斯的明4~20毫升，用于恢复瘤胃机能。

第二节　前胃弛缓

前胃弛缓是指牛前胃神经兴奋性降低或收缩力减弱，使得饲草在前胃不能正常消化和后送，而积聚在前胃内腐败产生有害物质，导致消化机能障碍和全身机能紊乱的病症。临诊上以食欲减退、反刍障碍、前胃蠕动机能减弱或停止为特征。

一、病因

原发性前胃弛缓，主要是饲喂不当。当长期饲喂粗硬劣质不好消化的饲草时，如豆秸等，尤其是饮水不足的时候，前胃内饲草容易缠成不好移动的硬团块，会影响瘤胃内微生物的消化活动；但反过来，经常饲喂柔软的刺激性小的饲草，如麸皮、细碎精料等，也容易发生前胃弛缓。而当饲喂的草料品质不佳，如变质的青贮、酒糟、豆腐渣等，或突然更改饲草配方时会造成前胃机能不适应，也是造成前胃弛缓的原因。血钙水平降低，也能引起原发性前胃弛缓。

继发性前胃弛缓，在瘤胃臌气、瘤胃积食、创伤性网胃炎、酮血病、皱胃变位、肝片吸虫或腹膜炎等发病过程中，会影响前胃机能，继发前胃弛缓。

二、临床症状

急性前胃弛缓，起先食欲不振，饮水量少，进而多数患牛食欲废绝，反刍次数减少，甚至停止。瘤胃蠕动音减弱或消失。有些患牛会出现间歇性瘤胃臌气。开始患病时排便基本正常，之后排出粪便变硬，颜色发暗，有黏液。当患牛继发肠炎时，粪便呈棕褐色水样。

慢性前胃弛缓，病症与急性时相似，但病程较长，患牛精神沉郁，鼻镜干燥，食欲减退或废绝。嗳气味臭。瘤胃蠕动音减弱或消失，触诊内容物柔软，常见慢性轻微瘤胃臌气。排粪减少，排出粪便干硬颜色灰暗，或排恶臭稀粪。随着病情发展，患牛逐渐消瘦，毛发粗乱，眼球凹陷，鼻镜干裂，严重时患牛卧地不起（图2-2-1）。

三、防治措施

前胃弛缓的发生，与饲养管理密切相关，所以要注意合理调配饲草，不饲喂腐败变质、冰冻的饲料，不要突然更换饲料配方，适当增加运动量，发病时及时治疗。

前胃弛缓治疗原则是加强护理，明确病因，增强瘤胃机能。

1.缓泻止酵

硫酸镁或食盐500克，松节油30～40毫升，酒精80毫升，水4 000～5 000毫升，1次灌服；或用液体石蜡1 000～2 000毫升，苦味酊20～40毫升，1次灌服。

2.兴奋瘤胃蠕动的药物

当胃内容物pH值在5.8～6.9时，适用偏碱性药物，如碳酸氢钠

50～100克，适量水，1次灌服。同时用10%氯化钠液250～500毫升，10%安钠咖液20～40毫升，1次静脉注射，每日1次。内容物pH值在7.6～8.0时，适用偏酸性药物，如苦味酊60毫升，稀盐酸30毫升，番木鳖酊15～25毫升，酒精40毫升，水500毫升，1次灌服，每日1次，持续几天。用新斯的明皮下注射4～20毫升。注意当使用新斯的明时必须小剂量，必要时1～2小时重复注射1次。

如果是由血钙水平低引起的前胃弛缓，可用10%氯化钠液100～200毫升，10%氯化钙液100～200毫升，20%安钠咖10毫升，静脉注射。

图2-2-1　病牛鼻镜干燥

第三节　真胃变位

真胃变位是牛常见疾病。可分为左方变位（LAD）和右方变位（RAD），LAD是指真胃通过瘤胃下方移动到左侧腹腔，留在瘤胃和左腹壁之间；RAD又叫真胃扩张或真胃扭转，是真胃由正常位置向前或向后移动引起的。临床上以LAD较为常见。多发生于头胎牛，或分娩后1周的慢性病（图2-3-1、图2-3-2）。

一、病因

多数是因为饲料中精料过多，粗饲料较少，致使饲料在瘤胃停留时间较短，消化不够充分就进入真胃，在真胃产酸产气，增加了真胃的负担。母牛分娩后，瘤胃空虚不能及时恢复，使真胃移动至腹腔左侧，造成LAD。造成RAD的原因主要是由于牛只剧烈运动，如发情时的爬跨、摔跤等。牛只误食异物或带有泥沙的块根饲料时，也容易诱发真胃变位。某些疾病，如胎衣不下、产后瘫痪、子宫炎等引起的消化机能紊乱，产后血钙偏低也能诱发本病。

二、临床症状

真胃变位多发生在产后，一般出现症状是在产后几天或1～2周内。主要表现为食欲减退，不吃精料，粗饲料采食正常或减少。产奶量下降，精神沉郁，瘤胃弛缓，排粪量减少且带有黏液。体温、呼吸正常。

发生LAD的牛，肉眼可见腹围缩小，两侧肷窝塌陷。将听诊器放在肋骨附近腹壁上，用手指叩击肋骨，可听到类似铁锤锤击钢管发出的声音（钢管音）。发生RAD的牛在右侧9～12肋，或7～10肋肩关节水平线上下叩击能听到有钢管音。但腹围增大不明显，病程长的腹围变小。有的RAD病牛没有明显临床症状，食欲正常，检查时能听到钢管音。

三、防治措施

应合理搭配饲料，精料、青贮饲料、优质干草比例应该合理。对产后疾病进行及时有效的治疗。

真胃变位前期可采取保守治疗，后期可通过手术治疗。

保守疗法为口服轻泻剂、促反刍剂、抗酸药或者拟胆碱药。

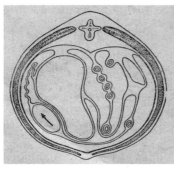 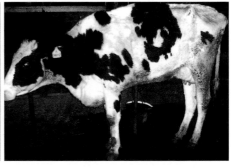

图2-3-1　真胃左方变位示意图　　图2-3-2　真胃左方变位牛只弓背消瘦

第四节　创伤性网胃炎

创伤性网胃炎是牛采食时将尖锐的金属异物，如铁钉、铁片、铁丝等吞入体内进入网胃，先将网胃壁刺伤或刺破，进而刺伤隔膜、心脏、肝脏等其他脏器，引起全身各个系统功能紊乱（图2-4-1至图2-4-6）。

一、病因

引起创伤性网胃炎的主要原因是由于坚硬的异物混入饲料中，但牛对异物的辨别能力差，随草料进入网胃，在网胃的强力收缩下，就容易刺伤或刺穿网胃，引发网胃炎，甚至危及其他脏器。在牛只突然摔倒、妊娠后期、分娩、瘤胃臌气等情况下腹内压会增高，更容易促使异物损伤网胃或其他脏器。

二、临床症状

病牛会出现顽固性前胃弛缓的症状，精神沉郁，食欲不振或不吃，反刍减少或停止，鼻镜干燥，呻吟。瘤胃蠕动次数减少。如按原发性前胃弛缓治疗，尤其是使用前胃兴奋剂后，病情非但没有减轻，反而还加重甚至恶化，并带有慢性瘤胃臌气的症状。有些患牛，往往一发病就会出现慢性前胃弛缓的症状，病情不重且发展缓慢。

随着病情的发展，逐渐出现网胃炎的症状，病牛的运动姿势不正常，多呈前高后低的姿势。不愿意卧倒，卧倒时非常小心，后面先着地，站起来时前面先起，起卧时有些患牛伴随着呻吟。愿意走上坡，不愿意走下坡。触压网胃时大多数患牛表现出疼痛不安，后肢提腹部，或不让触摸。

病初体温升高，之后逐渐恢复正常，白细胞数增加。配合金属探测器检查，一般可以确诊。

三、防治措施

预防创伤性网胃炎，主要是加强饲养管理，牛场内严防铁丝、铁钉、针头等丢失，饲料过筛子或过磁铁装置，或向瘤胃内投放磁棒。

创伤性网胃炎目前尚无理想治疗方案。保守治疗一般可应用抗生素或磺胺类药物，用以控制炎症发展，但不能根治。若想治愈可在早期实施手术，摘除异物。但创伤性网胃炎经常会引起创伤性心包炎，若想在心包取出异物效果不理想。

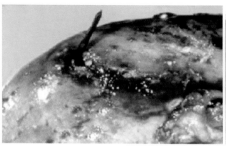

图2-4-1 铁钉穿透网胃

图2-4-2 创伤性网胃炎引起的
胸前水肿

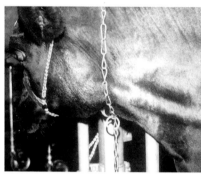

图2-4-3 颈静脉怒张，随脉搏跳动

图2-4-4 网胃内异物穿破膈肌
留下的创口

图2-4-5 解剖时在心包内发现的铁丝

图2-4-6 创伤性网胃炎引起的心包炎

第五节　咽喉炎

咽喉炎是喉黏膜及黏膜下层组织的炎症。临诊上以喉部敏感、疼痛、咳嗽、肿胀为特征。根据炎症性质可以分为卡他性和纤维蛋白性咽喉炎。

一、病因

物理因素：比如寒冷刺激，吸入尘土、异物等对咽喉的损伤，插胃管时损伤黏膜引起的喉头发炎，过度的鸣叫等。

化学因素：一些挥发性化工原料的泄漏，如盐酸等，牛舍内废气、烟雾、农药、化肥等有刺激性的气体直接刺激喉黏膜造成的。

生物因素：可能是由某些病毒、细菌，如牛疱疹病毒、化脓性放线菌、坏死梭杆菌等感染造成的。

其他因素：邻近器官炎症，如扁桃体炎、气管炎、肺炎等造成的。

二、临床症状

急性咽喉炎：表现为咳嗽，吞咽困难，流鼻涕，厌食，呼气恶臭等症状。病初干咳，声音短促且声音大，后期咳嗽声音嘶哑，咽喉部触诊时患牛敏感，患处肿胀、发热，患牛可能会流浆液性、黏液性或黏液脓性的鼻涕，下颌淋巴结肿大。病情轻微时无明显症状，病情加重后体温升高，精神沉郁，结膜发绀。患牛喉部水肿时呼吸困难，张口呼吸。严重时可窒息死亡（图2-5-1、图2-5-2）。

慢性咽喉炎：一般无明显症状，一般早上频频咳嗽，咽喉部触诊敏感。

三、防治措施

止咳、镇痛、祛痰：缓解疼痛主要采用喉头封闭，用0.25%普鲁卡因20～30毫升，青霉素40万～100万国际单位混合，每日2次。干咳时用食盐20～30克，茴香粉50～100克，1次灌服；或碳酸氢钠15～30克，远志酊30～40毫升，温水500毫升，1次灌服。痰多时可口服氯化铵。

抗菌消炎：患牛可肌内注射青霉素、头孢或恩诺沙星。

 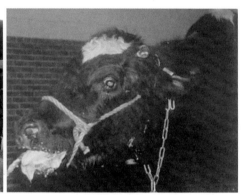

图2-5-1 顽固病例咽喉部大型脓肿

图2-5-2 咽喉狭窄造成病牛张口呼吸

第六节 产后瘫痪

产后瘫痪也称作产乳热，是牛常见的一种代谢性疾病，大多数发生在产后72小时之内，主要标志是血钙浓度低于正常数值，临床症状表现为动作僵硬、肌肉震颤、步态摇晃或者爬卧不起，如若不及时治疗，可引发多种并发症，严重者可导致死亡。

一、病因

正常的成年牛血钙浓度在2.1～2.5毫摩尔/升，一旦低于此浓度，即可称之为低血钙症。低血钙症可直接导致牛发生产后瘫痪。

牛在产后12～24小时，血钙浓度会降至最低，牛需要动员骨钙来维持血钙浓度的平衡，而这一平衡一旦被打破，就会发生产后瘫痪。钙的摄入不足或者钙的吸收出现问题，会直接导致血钙平衡失调，钙的吸收需要维生素D的协助，所以临床治疗上，一般需要钙和维生素D一起补充，单纯补钙效果不佳（图2-6-1、图2-6-2）。

除此之外，血镁浓度也会影响钙的调节机制。临床上，低血镁症和低血钙症往往同时发生，对于低血镁引发的低血钙症应通过补充镁来治疗。

其他因素还有牛的品种、年龄和内分泌水平等。胎次越大或者产奶量越高的牛，往往没有足够的骨钙可以动用，发生产后瘫痪的概率就越高。

二、临床症状

产后瘫痪一般分为3个阶段：开始时牛会出现动作僵硬、肌肉震颤；随后会出现无法站立，呼吸急促，心跳加快；最后，病牛会出现四肢伸直，严重者会发生昏迷甚至死亡。

三、治疗措施

常规的治疗法是皮下注射或者静脉注射补钙，常用药物有5%氯化钙、20%葡萄糖酸钙和维生素D胶性钙。需要注意的是，在静脉注射补钙的时候，宜缓不宜急，过快可引起心脏刺激过大造成猝死。钙补充量可根据牛的情况进行调整，一般在静脉输液过程中牛会自行起立。牛站立2小时后口服补钙50～125克，可有效防止复发，如果复发，应考虑补镁。

图2-6-1 产后瘫痪牛只经人工辅助 图2-6-2 产后瘫痪长时间不能起立
后仍无法站立 的病牛不断消瘦

第七节 酮病

酮病是高产奶牛常见的代谢性疾病之一，其中亚临床型发病率高于临床型。主要表现为产奶量下降、体重减轻、采食量明显下降，间歇性神经症状等。临床诊断上以血液、尿液和乳汁中酮体含量升高，血糖下降为主要特征。

一、病因

酮病的发生与奶牛能量负平衡和体脂动员有关，常发于产后70天以内的新产牛。血酮检测β-羟丁酸含量大于3.0毫摩尔/升即可确诊为临床型酮病；无明显临床症状但血液中β-羟丁酸含量大于1.2毫摩尔/升，可判定为亚临床酮病。

酮病的本质为葡萄糖缺乏和血液中酮体原发性升高，主要原因有以下3点。

一是产前脂肪肝造成肝脏糖异生功能下降，产后应急造成干物质采食量下降，发生脂肪肝性酮病，此类型酮多在产后2周内发病。

二是产后食欲差，采食量不足，能量不足造成的酮病，成为饥饿型酮病，多发于产后2周到2个月之间。

三是合成酮体的物质摄入量较高，常见于质量较差的青贮，丁酸含量较高，从而造成血液中酮体含量升高，也称为富丁酸青贮性酮病，可发生于产后2个月内的任何时期。

二、临床症状

根据临床症状可将酮病分为消耗型和神经型两种，以消耗型最为多见。

消耗型酮病多表现为，食欲下降，挑食（吃草不吃料），产奶量大幅下降，被毛粗乱，消瘦，呼气、尿液和乳汁中有烂苹果味。可单独发生，也见于真胃变位，子宫炎等产后疾病继发发生。病程漫长，一般不造成死亡，如果治疗不及时，产奶量很难恢复正常（图2-7-1至图2-7-4）。

神经型酮病多表现为，异常兴奋、嚎叫、磨牙、横冲直撞、有攻击性，严重时四肢交叉站立、肌肉震颤、卧倒后起立困难、头部姿势异常甚至昏迷。此类病例较为少见，如不及时治疗，可导致病牛死亡。

三、治疗措施

静脉注射50%葡萄糖500毫升，连续5天灌服丙二醇350～500毫升（每天1～2次），10～20毫克地塞米松注射1次。饲料中添加过瘤胃胆碱和玉米等能量饲料。

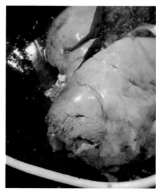

图2-7-1　肝脏脂肪变性

图2-7-2　重症酮病病牛陷入昏迷

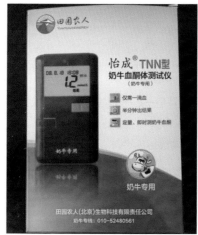

图2-7-3　奶牛血酮检测仪

图2-7-4　牛奶酮体检测试纸

第八节　胎衣不下

　　胎衣不下，也称为胎衣滞留，是指牛分娩超过12小时后，胎衣仍然未能自行脱落的一种产科疾病。常发于早产、流产、死胎、剖腹产等非正常分娩之后。一般对母牛健康影响轻微，仅少数严重病例可继发子宫炎、败血症、不孕甚至死亡。

一、病因

胎衣的剥离和脱落会在分娩结束后自动启动，胎盘的成熟度、健康情况将直接影响胎衣的脱落时间。

早产：无论哪种原因引起的早产，胎盘发育程度都不够成熟，胎儿娩出后，胎盘无法启动剥离程序，从而导致胎衣滞留。

妊娠时间过长：超过预产期未能分娩会导致胎盘过度发育，导致胎衣剥离困难。

剖腹产：手术后，子宫内极易发生感染，创伤性水肿和绒毛膜水肿。

传染病引发的炎症：一些传染病（布病等）会造成宫内炎症，使母体组织和胎儿组织发生粘连。

维生素A、维生素E和硒缺乏：干奶期维生素A、维生素E和硒的缺乏会影响胎盘的成熟和绒毛膜的发育，影响产后胎衣剥离程序的启动。

二、临床症状

胎衣不下一般分为两种情况，胎衣完全不下和胎衣部分不下（图2-8-1）。二者的区别在于胎衣的剥离程度不同，对牛只整体影响差异不大。胎衣不下的牛只常弓背，不停努责，恶露混浊恶臭，不及时处理会引发高热，消化系统紊乱，腹泻、积食、臌气等。产后随着时间的推移，未脱落的胎衣会发生腐败，从而引发牛产道、尿道甚至子宫感染。如果不及时处理可引发败血症导致死亡。

图2-8-1　胎衣不下

三、治疗措施

如果牛只无其他临床症状（体温、采食量、产奶均正常），可不做任何处理。密切观察牛只的产后表现，胎衣脱落后进行子宫检查再确定是否需要子宫治疗。

激素治疗是胎衣不下的常见治疗方法，可在产后12小时和24小时分别注射25毫克前列腺醇（PG）。产后立即注射100国际单位催产素可有效预防胎衣不下。

为防止其他并发症，可在产后24小时之后进行子宫投药治疗，常用20%土霉素注射液，每次2~5克，2~3天投药1次。

第九节　产道拉伤

产道拉伤，又称为分娩创伤，是指牛只分娩过程中阴门、阴道产生的撕裂性创伤，常见于头胎牛、难产牛，子宫扭转牛只也有可能出现。可造成产道血肿、脓肿，继发阴道炎和阴道吸气等疾病，严重影响牛的繁殖和健康。

一、病因

产道拉伤多见于头胎牛，牛体型发育不达标、胎儿过大、牛只过肥都可导致牛只分娩过程困难，造成产后产道损伤。除此之外，难产牛只胎位不正，暴力助产也可导致产道损伤。偶尔见于一些发生子宫扭转、子宫脱垂的牛只。

二、临床症状

出血和阴道周围脂肪组织脱垂是产道拉伤最明显的临床表现。阴门口的损伤最容易发现，而阴道深部的创伤早期容易被忽视，只能观察到恶露带血，有恶臭味，无其他明显全身症状。病程后期可在子宫检查时，摸到产道上有大小不一的单个或多个硬质血肿或脓肿。也有少数牛只继发慢性阴道炎，产道狭窄，阴道粘连等并发症。一些严重的病例，创口会发生严重的化脓感染，引发高热、败血症等全身症状，如不及时处理，可导致牛只死亡（图2-9-1、图2-9-2）。

图2-9-1　阴门撕裂

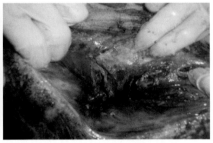
图2-9-2　产道深部撕裂

三、治疗措施

对于创口在阴门或者阴道浅部的病例，应按照一般创伤的处理方式进行止血、清理创口，视创伤大小决定是否需要做创口缝合。要保持创口卫生，可每天用碘伏和3%的双氧水进行创口消毒，也可在创伤处涂抹抗生素药膏。对于创伤严重的牛只还要进行抗生素全身治疗，可使用青霉素800万国际单位或者头孢噻呋钠2克进行静脉输液或者肌内注射，每天1次，持续7天。

对于产道深部的创伤，可使用子宫冲洗工具进行深部给药，多选用20%的长效土霉素注射液或者投给阴道泡腾片进行治疗，并配合全身抗生素治疗，防止出现严重并发症。

第十节　子宫炎

子宫炎是牛只产后常见产科疾病，是指子宫内膜以及更深层感染的统称。临床上可分为子宫内膜炎、子宫炎和脓毒性子宫炎等，严重者可引发腹膜炎、盆腔炎甚至毒血症，危及牛只生命。子宫炎会严重影响牛的发情和配种，给畜牧业生产带来极大损失。

一、病因

子宫炎大多由细菌感染引起，多发于产后2周左右，也有急性产褥期脓毒性子宫炎会在产后10天内发病，多由化脓性细菌和厌氧菌混合感染，轻微感染可自行痊愈，严重者可导致子宫内膜感染而不孕。难产、胎衣不下、产房卫生差、脂肪肝、助产不当都会大大增加牛只感染子宫炎的概率。

除此之外，一些传染性疾病也会引发子宫炎，例如布病、钩端螺旋体病、毛滴虫病和弯杆菌病等。

二、临床症状

一般只有急性产褥期子宫炎有明显临床症状，病牛多在产后7天内发病，有明显的脓毒血症症状，包括高热、食欲减退、瘤胃积食和腹泻等，子宫检查有子宫积液。极严重者会出现机体衰弱、代谢紊乱导致卧地不起，甚至死亡。

子宫分泌物较正常牛只会有很大差异，一般伴有强烈臭味，稀薄，有脓，颜色多为棕黄色、灰黄色或者橘红色，稀薄水样，污染牛只后躯和尾巴（图2-10-1至图2-10-5）。

图2-10-1　牛趴卧时流出的脓性子宫分泌物

图2-10-2　牛趴卧时流出的脓性子宫分泌物

图2-10-3　直肠按压子宫流出大量恶臭分泌物

三、治疗措施

治疗原则上以抗炎、抗毒素为主。可选用广谱抗生素进行全身

治疗，同时配合非甾体类抗炎药，有助于中和毒素。冲洗子宫和子宫内投药也是常见的治疗手段，可选用新洁尔灭或者高锰酸钾溶液冲洗子宫，每天1次；20%的长效土霉素注射液或者金霉素子宫投药也可取得良好治疗效果。除此之外，注射100国际单位催产素可促进子宫内脓性分泌物排出，起到辅助治疗的作用。

图2-10-4　子宫炎牛只频频努责

图2-10-5　子宫内大量脓性分泌物

第十一节　蹄叶炎

牛蹄叶炎是一种常见的无菌性蹄部炎症，多因采食高能量的饲料过量，引起轻度瘤胃酸中毒，乳酸内毒素及其他血管性物质通过瘤胃吸收到蹄部而引起。

一、症状

急性蹄叶炎两前肢或两后肢跛行明显，前肢常向前伸出以免蹄尖负重，后肢前伸踏于腹下，病牛不愿站起或行走，采食和饮水时，有的病牛拒绝站立而以腕部着地。运步时，患蹄轻轻落地，蹄踵比蹄尖先着地，步态僵硬，病牛弓背。病蹄比正常蹄温度要高，蹄部检查敏感。

慢性蹄叶炎导致蹄过长及蹄角度变小，产奶下降，消瘦，躺卧时间长。牛慢性蹄叶炎，呈典型"拖鞋蹄"，蹄背侧缘与地面形成很小的角度，蹄扁阔而变长。蹄背侧壁有嵴和沟形成，弯曲，出现凹陷。蹄底切削出现角质出血，变黄色，穿孔和溃疡。

亚临床型蹄叶炎，不表现跛行，但削蹄时可见蹄底出血，角质变黄，蹄背侧不出现嵴和沟。精神沉郁，食欲减少，不愿意站立和运动。因避免患蹄负重，常常出现典型的姿势改变。

蹄叶炎常见症状如图2-11-1至图2-11-4所示。

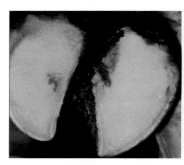

图2-11-1　蹄真皮出血

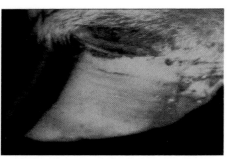

图2-11-2　蹄冠发红、肿胀

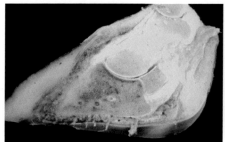

图2-11-3　蹄叶炎真皮层弥漫性出血

图2-11-4　蹄叶炎患病肢蹄集于腹下

二、治疗

正确诊断，分清是原发性还是继发性。原发性多因饲喂精饲料过多，故应改变日粮结构，减少精料，增加优质干草喂量。继发性多因乳腺炎、子宫炎和酮病等引起，应加强对这些原发性疾病的治疗。

首先应彻底清蹄，用清水和棕刷、蹄刀等去除蹄部污物，然后对患蹄进行必要的修整，充分暴露病变部位，彻底清除坏死组织，再用10%碘酊涂布，用呋喃西林粉或其他消炎粉和硫酸铜适量压于伤口，再用鱼石脂外敷，绷带包扎蹄部即可。如患蹄化脓，应彻底排脓，用3%的过氧化氢溶液冲洗干净，如有较大的瘘管则作引流术。3天后换药1次，一般用药1～3次即可痊愈。以上工作须由经验丰富的修蹄技师来完成。

为缓解疼痛，防止悬蹄发生，可用1%普鲁卡因20～30毫升行蹄趾神经封闭，也可用乙酰普马嗪肌内注射。静脉注射5%碳酸氢钠溶液500～1 000毫升、5%～10%葡萄糖溶液500～1 000毫升。也可静脉注射10%水杨酸钠溶液100毫升、葡萄糖酸钙溶液500毫升，20%严重蹄病应配合全身抗菌药物，同时可以应用抗组胺制剂、可的松类药物。

对蹄部进行温浴，促进渗出物吸收。

慢性病例主要修护蹄底角质，修蹄护形。

三、预防

配制营养均衡的日粮，合理分群饲养。配制符合奶牛营养需要的日粮，保证精粗比、钙磷比适当，注意日粮中阴阳离子差的平衡。为了保证牛瘤胃pH值在6.2～6.5可以添加缓冲剂。

加强牛舍卫生管理，实行清粪工作岗位责任制，保持牛舍、牛床、牛体清洁干燥。

定期喷蹄浴蹄。夏季每周用4%硫酸铜溶液或消毒液进行1次喷蹄浴蹄，冬季容易结冰，每15～20天进行1次。喷蹄时应扫去牛粪、泥土垫料，使药液全部喷到蹄面上。浴蹄可在挤奶台的过道和牛舍放牧场的过道，建造长5米，宽2～3米，深10厘米的药浴池，池内放有4%硫酸铜溶液，让奶牛上台挤奶和放牧时走过，达到浸泡目的。注意经常更换药液。

适时正确地修蹄护蹄。修蹄能矫正蹄的长度、角度，保证身体的平衡和趾间的均匀负重，使蹄趾发挥正常的功能。专业修蹄员每年至少应对奶牛进行两次维护性修蹄，修蹄时间可定在分娩前的3～6周和泌乳期120天左右。修蹄注意角度和蹄的弧度，适当保留部分角质层，蹄底要平整，前端呈钝圆形。

第十二节　蹄疣病

蹄疣病是指牛蹄发生纤维乳头瘤的一种蹄病，多由螺旋体或者真菌引起，多见于一侧后肢或两侧后肢，疼痛异常，病牛跛行严重。

一、病因

牛舍环境卫生较差，粪尿淤积，运动场潮湿、泥泞。蹄部皮肤长期处于该环境，皮肤变软、抵抗力下降，趾间感染概率增加。

二、症状

病牛指间皮肤，背侧至跖侧出现疣或纤维乳头瘤，大小不一，形似菜花，部分发生溃疡，多为后肢，疼痛显著，不愿行走，食欲降低，消瘦，产奶量下降，发情迟滞或不发情（图2-12-1至图2-12-6）。

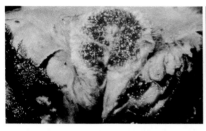

图2-12-1　蹄踵部草莓样蹄疣

图2-12-2　蹄踵部乳突形蹄疣

图2-12-3　疣体破溃出血

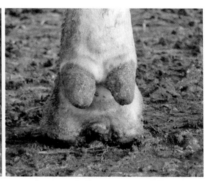

图2-12-4　发病不久的蹄踵部蹄疣

图2-12-5　趾间蹄疣

图2-12-6　蹄踵部蹄疣引起的趾尖着地

三、治疗

（1）早期可用烧烙、腐蚀、冷冻。

（2）患部用四环素粉涂布，四环素浸湿敷料置于患部，包扎，或用1%的四环素溶液蹄浴。

（3）手术切除。

四、预防

（1）加强管理。圈舍卫生、干燥、通风。

（2）定期蹄浴。用5%的硫酸铜或1%的四环素溶液浸泡，每周2～3次。

第十三节　腐蹄病

腐蹄病是指牛蹄底和球腹面角质发生糜烂的一种蹄病。多发于成年牛，可造成牛只跛行、悬蹄，严重可导致牛只卧地不起。对牛的生长和生产性能有很大影响。

一、病因

（1）牛舍阴暗潮湿，运动场泥泞，粪污处理不及时，牛蹄长期处于粪污中，角质变软，细菌感染。

（2）蹄形不正，蹄底负重不均。

（3）趾间皮炎，球部的糜烂。

（4）修蹄不及时，护蹄措施不完善。

二、症状

本病前期不显现症状，病程缓慢。当局部感染化脓，向深部组织蔓延，跛行后才被发现。患蹄不着地或者轻微着地，运动时不断倒步。前蹄患病，向前伸出，两前蹄患病，两蹄成交叉状。

病蹄常变形，在球部或蹄底形成疣黑色的小洞，小洞过多会融合成大洞或沟，蹄底形成潜道，里面成腐臭的黑色浓稠脓汁（图2-13-1、图2-13-2）。

腐烂后，蹄冠、球节肿胀，皮肤增厚，异常疼痛，并行成三脚跳；局部化脓后，破溃，流出脓汁，病牛全身症状加重，体温升高，食欲减退，奶量下降，卧地，消瘦。

图2-13-1　趾间糜烂　　　　图2-13-2　趾间及蹄踵部糜烂

三、治疗

（1）修整蹄底，找出黑斑，慢慢刮掉角质，让内部黑色脓汁流出，用5%过氧化氢或4%的硫酸铜溶液清洗创口，创内涂碘酊，填入松馏油或高锰酸钾、硫酸铜粉，打蹄绷带。

（2）如体温升高，食欲减退，发生冠关节炎、球关节炎时，局部用10%鱼石脂涂抹，绷带包扎，注射青霉素、磺胺等药物。

四、预防

（1）加强管理。圈舍卫生、干燥、通风。

（2）定期蹄浴。5%的硫酸铜，每周2～3次。

第十四节　蹄白线病

白线病是连接蹄底和蹄壁的软角质分离，常常由一些尖锐的异物刺伤所致，刺伤后导致真皮感染形成脓肿。壁小叶比底小叶受感染更明显，也更容易。结果可在蹄冠处形成脓肿，并破溃形成窦道。通常远轴侧白线易遭损伤，公牛蹄尖部白线更多发病。

一、病因

正常运动时，远轴侧白线常承受最大的牵张，特别是硬地上运步或爬跨时，更加重对白线的牵张。变形蹄，如卷蹄、延蹄、芜蹄，白线处易遭受刺伤，特别是牛舍和运动场潮湿、角质变软时，更易发病。

二、症状

通常侵害后肢的外侧趾。白线分离后，泥土、粪尿等异物易进入，将裂开的间隙堵塞，也将使白线更大的扩开，并易引起感染。感染可向蹄冠、向深部蔓延，引起蹄冠部脓肿，引起深部组织的化脓性过程（图2-14-1、图2-14-2）。

两后肢同时发病时，可掩盖跛行，直到一个蹄出现并发症时，才能被诊断出来。发病早期，很难诊断，因病变很小，容易被忽略，必须仔细削切，并清除松散的脏物才能看到黑色污迹。进一步检查，可发现较深处的泥沙和渗出物混合的污物。开始跛行的表现很不同，但一旦形成脓肿，跛行表现剧烈，特别向深部组织侵害时，蹄可见发热，球部肿胀，常在蹄冠部出现窦道，此时牛体重明显减轻，泌乳量明显下降。

图2-14-1　蹄白线分离

图2-14-2　严重白线病造成的
蹄面蹄趾分离

三、治疗

用蹄刀从负面将裂口扩开，尽可能清除碎屑杂物和脓汁，但常常不可能到达深部。尽可能扩大伤口，使脓汁排出，灌注碘酊后用麻丝浸松馏油填塞。蹄冠有窦道开口时，打通，冲洗，包扎。深部感染时，采取相应措施，扩大伤口进行治疗。全身应用抗生素。

四、预防

（1）加强管理。圈舍卫生、干燥、通风。

（2）定期蹄浴。5%的硫酸铜溶液，每周2～3次。

第十五节　牛漏蹄病

牛漏蹄病是由坏死厌氧丝杆菌引起的一种蹄病。按漏蹄的部位不同，可分蹄心漏、毛边漏和罗圃漏；由于渗出物的性质不同，又可分为干漏、湿漏和血漏。

一、症状

病初患牛蹄甲发热疼痛，走路跛行，不愿着地，在硬地行走时，跛行显著。后期患肢拒不着地，起步摇身，跛行加重，疼痛加剧。病畜精神沉郁，食欲、反刍减少，体温升高，卧多站少。挖蹄检查时，干漏则蹄甲干燥，刮削呈灰色粉状残物；湿漏则蹄胎穿有空洞，流出黑色恶臭脓液；血漏则流出紫红色血水。蹄心漏是在蹄心正中；罗囤漏在中心的外周；毛边漏则在蹄甲外侧上缘，蹄腕和毛边之间，肿胀发热，呈紫红色，后变为青紫色，久则破溃，流出黄褐色脓液，腥臭难闻，甚至蹄甲脱落，行走困难（图2-15-1、图2-15-2）。

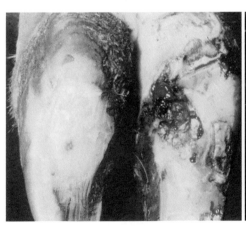 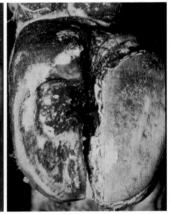

图2-15-1 蹄球部漏蹄形成的化脓灶 　图2-15-2 深层蹄漏造成的
　　　　　　　　　　　　　　　　　　　　　　　　　溃烂

二、治疗

（1）碘油蜡疗，先用2%来苏儿洗净患蹄，清理坏死组织，然后按疮面或空洞的大小，撒布适量碘片，涂上松节油，用消毒脱脂棉紧密填实，并将熔化蜂蜡或石蜡密封，通常处理一次可愈，个别患畜5~6天后再重复一次。

（2）用甲醛、松节油各20毫升，清鱼肝油或维生素AD针剂10毫升混合拌匀后，将纱布剪成小块，放入药液中充分浸透后，填塞患部并覆盖表面，再用消毒纱布将患处裹牢，外用绷带包扎，2~3次可愈。

（3）用20%的硫酸锌溶液洗患蹄，或按每千克体重给硫酸锌40毫克，让患牛饮水，连服5~10天。对蹄叉腐烂的患蹄清洗后涂敷3%氧化锌软膏；对急性患牛可静注或肌注磺胺嘧啶钠；按每千克体重0.07克，每隔12小时注射一次；或按每千克体重用盐酸土霉素5~10毫克，分1~2次静脉注射或肌内注射。

（4）血竭治疗，先将患部用3%过氧化氢或1%高锰酸钾溶液冲洗，清除腐烂组织，然后倒入血竭粉，边倒边用烧红的烙铁使血竭化为一层保护膜，与周围蹄角质牢固地黏合在一起。为保证血竭较长时间地封闭洞穴，可用棉花加松馏油放在血竭的封口外面，再用绷带包扎，一般1次封闭可愈，必要时可重复1次。

（5）蹄心漏、罗圈漏则挖净污物，流尽败血污液，再用酒精洗净漏洞，以热桐油或其他食油类灌注烫烙，再用脱脂棉填塞洞内，然后用已溶化的松香或黄蜡封住洞口。亦可取碘片塞于漏洞内，再加入少量松节油，让其自燃，然后用石蜡塞填封好洞口；或用血竭粉塞于漏洞内，用烙铁烙溶烙平。

三、预防

（1）加强管理。圈舍卫生、干燥、通风。

（2）定期蹄浴。5%的硫酸铜，每周2~3次。

第三章

寄生虫病

第一节　牛球虫病

牛球虫病是由艾美耳科的艾美耳属球虫或等孢属球虫引起的，以渐进性贫血、消瘦和消化道出血为主要症状的传染性消化道疾病。对牛只健康，特别是犊牛的健康危害极大。

一、病原

在牛体内寄生的球虫主要有邱氏艾美耳球虫、牛艾美耳球虫等十余种，其中致病力较强的球虫就是邱氏艾美耳球虫和牛艾美耳球虫，邱氏艾美耳球虫主要在牛的直肠上皮细胞中寄生，而牛艾美耳球虫在牛肠道中寄生。

二、流行特点

通常该病比较多发在温暖且潮湿的季节，即每年的4—9月；在潮湿的环境中卵囊的发育比较快；如果突然改变饲粮配方和饲喂方式或者其他因素导致牛的身体机能发生应激，使牛抵抗力下降也会导致该病的发生。

三、临床症状

牛球虫病潜伏期2~3周，病牛感染初期精神沉郁，被毛凌乱，体温升高至40～41℃，肠蠕动增强，排出有恶臭带血稀粪。感染牛出现消瘦，眼结膜苍白；小肠、淋巴滤泡有出血性的炎症及肿大；肠道内容物带有恶臭，表现为黄褐色。发病后期粪便几乎全部为暗红色血便，同时体温下降，极度贫血和衰弱。病牛诊断可用饱和盐水漂浮法检查粪便中的卵囊；死亡后用寄生部位肠黏膜抹片，观察香蕉状裂殖子和椭球形卵囊（图3-1-1、图3-1-2）。

四、防治措施

治疗此病的有效治疗药物有呋喃西林，鱼石脂，莫能霉素等。预防牛球虫病首先要建立本场的自繁自养体系，减少运输成本，同时也降低了病原的侵入。其次要减少应激，引种后尽可能维持犊牛生活环境条件相似，不可随意改变饲粮配方。在有牛球虫病感染发病的地区，要对不同类型的牛进行分群管理。保证牛舍的清洁干燥，同时对牛的粪便和使用的垫草及时进行发酵处理；食槽、水槽、地面定期消毒。在病情高发的季节，或者是对引进的架子牛怀疑其携带有成虫时，可以适当的使用药物进行预防。

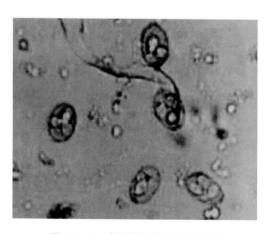

图3-1-1　粪便检测中的球虫卵囊

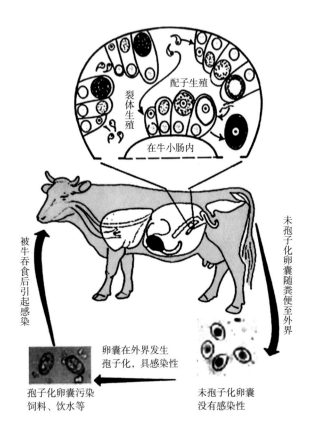

图3-1-2　球虫生活史示意图

第二节　牛新孢子虫病

新孢子虫病是由犬新孢子虫寄生在牛、羊、马、犬等多种宿主动物细胞内的一种原虫病。目前已证明奶牛、黄牛、牦牛等哺乳动物是其中间宿主，犬、狼、狐狸等是犬新孢子虫的终末宿主。对牛的危害尤为严重，主要引起母畜流产、产奶量下降、死胎和产弱胎

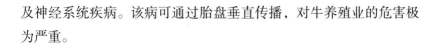

及神经系统疾病。该病可通过胎盘垂直传播，对牛养殖业的危害极为严重。

一、病原

新孢子虫主要以速殖子、包囊和卵囊存在病畜体内。

二、流行特点

新孢子虫引起的感染无明显的季节性特点，流行呈地区性。新孢子虫传播主要以胎盘传播和经口传播，其感染途径差异主要与病原虫株分离地理区域相关；如新西兰地区奶牛新孢子虫病传播途径主要为经口传播，而欧洲奶牛新孢子虫病传染途径则为经胎盘传播。先天性感染的犊牛少部分体质较弱，生长速率慢；偶尔出现运动失调。犊牛感染途径多为垂直传播，而成年牛多为水平传播。

三、临床症状

新孢子虫引起的病理变化与其寄生的部位有关，可引起多处病变。角膜混浊；脑脊髓中有其组织包囊；小脑发育不全。肺部呈肉芽肿性炎症、肝脏呈坏死性炎症；大量淋巴细胞聚集在病灶处；全身各处肌肉也可出现炎症（图3-2-1、图3-2-2）。

四、防治措施

目前新孢子虫病尚未发现预防和治疗的特效疫苗及药物，临床上可用红霉素、四环素、莫能霉素等药物，淘汰阳性动物是本病的主要防治措施之一。建立健全该病检验检疫制度；选择高效、低毒药物进行定期驱虫；制定轮换、交叉或联合用药措施。严格执行发酵无害化处理措施，避免感染性虫卵再次感染牛体。规范奶牛场饲养管理，提高奶牛抗病力，减少该病的感染。

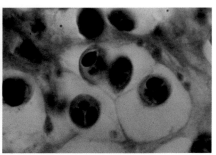

图3-2-1　新孢子虫病引起的流产　　　　图3-2-2　新孢子虫包囊

第三节　牛梨形虫病

牛梨形虫病是由梨形虫纲巴贝斯科或泰勒科原虫所引起的一类经硬蜱传播的血液原虫病的总称，主要以巴贝斯虫和泰勒虫为主，是世界性分布的严重危害养牛业发展的一类重要疾病。

一、病原

在我国已报道的病原有双芽巴贝斯虫、牛巴贝斯虫、环形泰勒虫、中华泰勒虫等。巴贝斯虫或泰勒虫均需要2个宿主的转换才能完成其生活史。首先在中间宿主牛的体内以二分裂或出芽方式增殖，之后在终末宿主蜱的体内进行有性繁殖。当蜱在牛体上吸血时，巴贝斯虫或泰勒虫传播给健康牛，使其感染发病。有些牛虽不表现出临床症状，但呈隐性或带虫感染。

二、流行特点

梨形虫病的流行具有明显的季节性，一般发生在夏、秋季节，且有蜱活动的地区，需要通过蜱进行传播。其中牛蜱属和血蜱属的蜱主要传播双芽巴贝斯虫；硬蜱属和头蜱属的蜱主要传播牛巴贝斯虫；长角血蜱主要传播卵形巴贝斯虫。

三、临床症状

发病早期，病牛出现精神沉郁，采食量下降，反刍迟缓，有时有吃土的现象。发病中期，牛消瘦，同时泌乳量骤然减少，可视黏膜变为苍白，偶尔出现黄染现象，听诊第一心音显著增强，且伴有流涎、流鼻液的现象。发病后期，病牛食欲废绝，脑部、皮下组织、肌间结缔组织及脂肪有不同程度的黄染和水肿，肝脏、胆囊、肾脏有不同大小和数量的出血点（图3-3-1至图3-3-3）。

可通过无菌采集病牛颈静脉血，制成涂片，用甲醇固定，姬姆萨染色后镜检；若见红细胞内有梨形、指环形、椭圆形、分叶形、逗点形、杆状虫体即可确诊。环形泰勒虫病还可采取淋巴结无菌穿刺方法，抽取肿大淋巴内容物进行涂片，姬姆萨染色，镜检；若在涂片中或淋巴细胞内发现石榴体即可确诊。

四、防治措施

病牛早期治疗可从杀灭虫体、补血生血（输血）、强心补液（如维生素B_1，维生素B_{12}，维生素C），使用抗梨形虫药物进行治疗；三氮脒（血虫净）、硫酸喹啉脲（阿卡普林）、咪唑苯脲等药物对此病有较好的治疗作用。

本病预防关键在于做好灭蜱工作，切断传播途径。首先要定期检查，定期采集血液进行实验室检查。其次要加强检疫，对从外地调进的牛，特别是从疫区调进时，一定要检疫后隔离观察，确保无病原才可引入饲养。

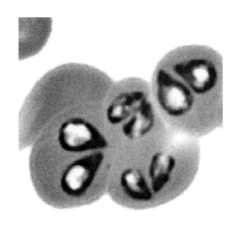

图3-3-1　血液涂片检查梨形巴贝斯虫

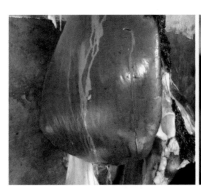

图3-3-2　肝脏黄染　　　　　图3-3-3　病牛胆囊肿大

第四节　牛线虫病

　　牛线虫病由线虫寄生于牛体所引起，牛线虫主要寄生在消化道，少部分寄生腹腔和皮下等，在我国多见且危害严重的是消化道

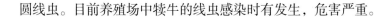

圆线虫。目前养殖场中犊牛的线虫感染时有发生，危害严重。

一、病原

线虫种类繁多，既可单独感染，又能混合感染。犊牛临床表现以消瘦、贫血、水肿、下痢为主要特征。引起牛线虫病的病原主要有牛仰口线虫、牛捻转血矛线虫、牛结节虫等。

二、流行特点

春季、夏季为易感季节，温暖潮湿的环境利于虫卵孵化速殖；发病趋势呈现区域性流行；犊牛较成年牛更易感；主要通过经口摄入病原幼虫引发感染。

三、临床症状

牛仰口线虫病，又称牛钩虫病，是由牛仰口线虫寄生于牛小肠内引起一系列病变的线虫病。幼虫侵入皮肤，成虫寄生在小肠，造成肠黏膜多处出血，表现以贫血为主的一系列症状，如黏膜苍白，皮下水肿，粪便带血等。虫体分泌的毒素可以抑制红细胞的生成，使病牛贫血症状加重；还可造成胃肠功能紊乱，胃肠道内容物异常发酵产生气体，出现腹部膨胀。

牛捻转血矛线虫病，又称牛捻转胃虫病，是牛捻转血矛线虫寄生于牛真胃和小肠的寄生虫病。虫体寄生在真胃内，数量大都数千条以上，引起真胃炎症和持续出血。捻转血矛线虫常与其他寄生虫混合寄生，犊牛发病容易死亡，成年牛抵抗力较强很少发生死亡（图3-4-1、图3-4-2）。

牛结节虫病是由食道口线虫寄生在牛肠道，引起肠壁结构破坏并形成结节病变的常见寄生虫病。幼虫进入牛肠道会使肠壁发炎，轻度感染时症状不明显，重度感染时可表现为顽固性下痢，粪便暗绿色并且带有黏液，有时还会带有血丝（图3-4-3）。

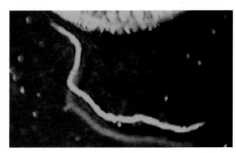

当牛群受到线虫轻微感染时，只是阻碍犊牛的正常增重，不会引起临床症状。牛群受到中度感染后，一些月龄小的牛表现为腹泻、体重下降、被毛紊乱、食欲下

图3-4-1　牛捻转血矛线虫

降、低蛋白质血症和贫血。重度感染时，牛群几乎都被感染，整体表现出食欲下降与体重下降一起发生。

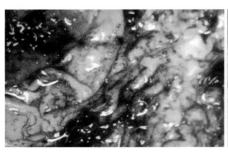

图3-4-2　牛真胃里的线虫

图3-4-3　寄生在肠道的成虫造成的肠管出血

四、防治措施

丙硫咪唑、虫卵净、芬苯达唑、阿维菌素、伊维菌素等药物对牛球虫病治愈效果佳。使用驱虫剂可以消灭大部分主要线虫，广谱的驱虫剂效果更好，能最大限度清除各种线虫。

预防本病最有效的方法是定期进行预防性驱虫，春秋两季各进行1次，感染严重的地区可在夏季再进行1次。平日要加强饲养管理，日粮要营养全面，注意牛舍及运动场的清洁卫生，保持牛舍干燥，粪便进行无害化处理，严防粪便污染饲料和饮水。

第五节　牛螨虫病

牛螨虫病又称癞病。主要是由动物表皮内引起的慢性寄生性皮肤病，具有高度传染性。主要由牛疥螨、牛痒螨、牛足螨这3种病原引起（图3-5-1）。

一、病原

牛疥螨，寄生于牛体的疥螨多数是一些变种，疥螨体型很小，一般在牛毛发比较旺盛的地方生存，病初会出现在头部以及耳部等。螨虫的表面存在大量的硬性毛，虫体呈圆形、背面隆起，腹面扁平，淡黄色。成虫大小不超过0.5毫米。成年螨虫发育周期在10～22天，在宿主皮下繁殖和发育。发病时，疥螨一般较易在健康皮肤与病变皮肤的交界处寄生，此处的疥螨一般是最多的，用消过毒的手术刀对此处进行处理，直到见血为止，此时表示已经位于真皮层。

牛痒螨，虫体呈长圆形，长0.5～0.9毫米肉眼可见，口器长，肛门位于虫体末端，足的末端带有吸盘。而痒螨在皮肤表面进行繁殖和发育，完成一个发育周期约10～12天，疥螨病一般较易在皮肤薄、毛短的部位，如头部、颈部、背部和尾部（特别是牛的后腿部），然后向其他地方蔓延。

牛足螨，虫体呈椭圆形，长0.3～0.5毫米，虫体表面有细纹，雄虫的四对足及雌虫的一二四对足上带有吸盘。肛门位于虫体末端，此虫主要寄生于畜体的肛门、尾根、蹄部附近。

二、流行特点

本病多发于秋末、冬季和初春，因光照不足，牛舍潮湿，虫体容易滋生繁殖。病原虫的全部发育过程都在宿主体上度过，包括虫卵、幼虫、若虫和成虫4个阶段。本病可直接接触传播，健康牛只接触过被污染过的食槽、牛床、运动场、牛舍用具都可传染。犊牛和营养不良的牛只最容易感染，临床上多表现为疥螨、痒螨、足螨混合感染。

三、临床症状

该病初发时，因虫体的小刺、刚毛和分泌的毒素刺激神经末梢，引起剧痒。病牛出现食欲减退，渐进性消瘦，生长速度迟缓。牛螨虫病具有高度传染性，发病后往往蔓延至全群，危害十分严重。病牛皮肤局部发痒、脱毛，采食量下降，贫血和营养不良；导致皮毛质量下降，料肉比上升。经济损失较大，应予以重视（图3-5-2）。

四、防治措施

治疗牛螨虫病可选择伊维菌素类药物，此类药物对螨虫病有较好的疗效。患处还可用肥皂水清洗，配合5%敌百虫溶液，用来苏儿进行涂抹；还可进行药浴杀灭螨虫。

流行地区每年定期进行药浴，平时注意加强饲养管理，保持畜舍干燥通风，采光良好，及时清理畜舍粪便，定期对牛舍进行全面消毒；发现病牛及时隔离治疗。

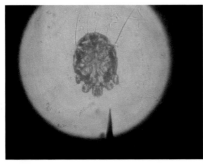

图3-5-1　皮屑刮片镜检下的螨虫　　图3-5-2　病牛瘙痒蹭墙造成局部
　　　　　　　　　　　　　　　　　　　　　　　　　　皮肤脱毛红肿

参考文献

（美）威廉·C·雷布汉. 1999. 奶牛疾病学[M]. 北京：中国农业大学出版社.

阿不都威力2019. 奶牛疾病类型及防治措施[J]. 畜牧兽医科学（电子版）（4）：65-66.

白青龙. 2019. 奶牛疾病防治的用药原则及注意事项[J]. 畜牧兽医科技信息（6）：49.

布海丽且姆·麦提库尔班. 2019. 夏季奶牛常见疾病防治[J]. 畜牧兽医科学（电子版）：143-144.

董志. 2019. 奶牛常见繁殖障碍性疾病的防治[J]. 农业与技术（22）：136.

高永革. 2014. 新编奶牛疾病防治手册[M]. 郑州：中原农民出版社.

管庆伟. 2019. 夏季奶牛及犊牛的正确饲养与疾病防治[J]. 畜牧兽医科技信息（7）：66.

韩晓晖. 2019. 常见奶牛疾病的防治及注意事项研究[J] 农家参谋（22）：151.

黄剑锋. 2019. 浅谈奶牛布病难以净化的原因和防治[J]. 中国动物保健（9）：36-37.

蒋兆春. 2006. 奶牛疾病中西兽医诊疗技术大全[M]. 南京：江苏科学技术出版社.

李红春. 2019. 奶牛乳房炎的病因及其防治[J]. 中国畜禽种业（5）：86.

李坤. 2019. 奶牛疾病发生流行特点与防治对策[J]. 吉林畜牧兽医（10）：54.

李秀岭. 2017. 奶牛疾病防治技术[M]. 北京：中国农业科学技术出版社.

吕良峰. 2019. 奶牛疾病防治用药原则和注意事项[J]. 畜牧兽医科技信息（5）：74.

马扬. 2019. 奶牛围产期疾病防治及保健措施[J]. 畜禽业（3）：13-14.

潘耀谦，吴庭才. 2007. 奶牛疾病诊治彩色图谱[M]. 北京：中国农业出版社.

齐长明. 2006. 奶牛疾病学[M]. 北京：中国农业科学技术出版社.

宋春梅. 2019. 奶牛常见中毒性疾病防治措施[J]. 畜牧兽医科技信息（7）：92.

王春璇. 2013. 奶牛疾病防控治疗学[M]. 北京：中国农业出版社.

王昆. 2019. 试论奶牛常见疾病的防治措施[J]. 农业与技术（17）：125-126.

王莹莹. 2019. 奶牛疾病防治临床用药原则及注意事项[J]. 现代畜牧科技（9）：101.

吴明安，肖喜东. 2019. 奶牛因饲料所致的中毒性疾病及其防治[J]. 中国乳业（7）：59-60.

吴心华，张鑫. 2018. 奶牛疾病攻防要略[M]. 北京：中国科学技术出版社.

肖定汉. 1989. 奶牛疾病诊断[M]. 北京：农业出版社.

于海波. 2019. 夏季规模奶牛场奶牛疾病的防治对策[J]. 现代畜牧科技（9）：144.

张梦雪. 2019. 夏季奶牛易发疾病防治策略探析[J]. 中国畜禽种业（6）：150.

张夏平，刘冬冬，王晋. 2019. 常见奶牛疾病的防治及注意事项探讨[J]. 新农业（22）：44.

张幼成. 1984. 奶牛疾病 [M]. 北京：农业出版社.

赵福琴. 2019. 奶牛常见繁殖疾病分类、诊断及防治[J]. 今日畜牧兽医（2）：94.